全民应急知识丛书 学生篇

QUANMIN YINGJI ZHISHI CONGSHU XUESHENGPIAN

中学生安全应急避险指南

ZHONGXUESHENG ANQUAN YINGJI BIXIAN ZHINAN

中国安全生产科学研究院 组织编写

U0347917

中国劳动社会保障出版社

图书在版编目（CIP）数据

中学生安全应急避险指南/中国安全生产科学研究院组织编写. -- 北京：中国劳动社会保障出版社，2018
（全民应急知识丛书. 学生篇）
ISBN 978-7-5167-2682-2

Ⅰ.①中… Ⅱ.①中… Ⅲ.①安全教育 - 青少年读物 Ⅳ.① X956-49

中国版本图书馆 CIP 数据核字（2018）第 128583 号

中国劳动社会保障出版社出版发行
（北京市惠新东街 1 号　邮政编码：100029）

*

中国铁道出版社印刷厂印刷装订　　新华书店经销

880 毫米 × 1230 毫米　32 开本　2.375 印张　30 千字
2018 年 9 月第 1 版　　2019 年 10 月第 3 次印刷
定价：12.00 元

读者服务部电话：(010) 64929211/84209101/64921644
营销中心电话：(010) 64962347
出版社网址：http://www.class.com.cn

《中学生安全应急避险指南》
编委会

主　任

张兴凯　　　吕敬民

委　员

高进东　　　付学华　　　杨乃莲

主　编

张晓蕾

编写人员

张晓蕾　　　张　洁　　　杨乃莲　　　张晓学

陶汪来　　　王宇航　　　时训先　　　陈建武

毕　艳　　　毕雅静　　　冯彩云　　　王海燕

序　言

  学生是国家的未来，是社会进步、国家昌盛的希望，因此，学生的安全问题一直以来备受社会各界关注，更是学校各项工作的重中之重。

  近年来，虽然学生的安全问题整体有所改善，但受学生自身特点差异、安全意识不强以及相关管理制度不健全等各种因素影响，不同年龄段学生的安全问题仍然较为复杂。据教育部有关资料统计，在中小学生的各类安全事故中，交通和溺水事故占全年中小学各类安全事故总数的50%左右，造成的学生死亡人数超过全年事故死亡总人数的60%。在职业院校的各类事故中，顶岗实习事故多发频发。学生安全问题的日益突出引起了党中央、国务院的高度关注。国家和各级政府相继出台了一系列关于学生安全的法律法规和规章制度，对学生日常学习和生活中的安全注意事项提出了明确要求，并将每年3月份最后一周的周一定为"全国中小学生安全教育日"。中央领导同志就职业院校学生实习安全问题批示相关部门进行调研，提出解决办法，以保障职业院校学生的合法权益。可见，学生的安全工作任重道远。

面向学生群体普及安全应急避险和自护、自救、逃生等知识，增强学生的自我安全保护意识，提高学生应对突发事件的应急避险能力，是全社会的责任。为此，中国安全生产科学研究院组织有关专家编写了"全民应急知识丛书"（学生篇），其中包括《小学生安全应急避险指南》《中学生安全应急避险指南》和《职业院校学生安全应急避险指南》三册。这套丛书针对不同年龄段学生的特点及不同的安全事故类型制定了详细的安全防范和应急避险措施，始终坚持实际、实用、实效的原则，力求做到内容通俗易懂、形式生动活泼，能够让学生们在快乐中掌握安全知识。

我们坚信，通过学校、家长、学生以及全社会的共同努力和通力配合，向学生们宣传普及安全健康知识和应急避险措施的科学方法，学生的安全意识和自我保护能力必将得到提高，学生的安全问题必将得到改善，每位学生都能收获一个健康、平安、精彩的未来！

编者

2018 年 8 月

目 录 / ─────

MuLu

一、中学生安全现状

1. 中学生安全现状分析 /03

2. 中学生安全事故多发原因及对策 /04

二、主要责任方安全职责

1. 校方安全职责 /07

2. 家长安全职责 /09

3. 社会安全职责 /10

三、中学生安全事故防范与应急避险措施

1. 安全事故防范与应急避险一般要求 /13

2. 交通事故防范与应急避险措施 /15

3. 溺水事故防范与应急避险措施 /22

4. 欺凌、暴力伤害事件防范与应急措施 /26

5. 火灾事故防范与应急避险措施 /28

6. 触电事故防范与应急避险措施 /33

7. 网络安全事件防范措施 /35

8. 心理疾病防范措施 /37

9. 实验室事故防范与应急避险措施 /39

10. 自然灾害应急避险措施 /43

11. 其他方面 /49

四、典型案例

1. 某校中学生并行骑车事故 /53

2. 广州某校初中生溺水事故 /55

3. 云南某校中学生宿舍火灾事故 /57

五、自检卡

一、中学生安全现状

中学生安全现状

1. 中学生安全现状分析
2. 中学生安全事故多发原因及对策

1. 中学生安全现状分析

中学生处于从儿童过渡到成人的阶段，生性活泼好动，好奇心强，而心智尚处于发育成长时期，对生活中一些危险因素或某些行为后果的严重性缺乏足够的认识，面对突发险情更是难以正确判断和处置，处于安全事故多发期。

在中学生安全事故中，溺水、交通事故、校园伤害、斗殴 4 类事故比例高达 75%，其他如自然灾害、中毒、踩踏、房屋倒塌等其他事故约占 25%。

中学生发生安全事故的特征是：农村多于城市，低年级多于高年级，校园外（主要是上下学途中、假期出行及学校周边）多于校园内，节假日多于平日。

2. 中学生安全事故多发原因及对策

中学生安全现状分析表明，大量安全事故发生的主要原因是中学生缺乏安全意识，其自我保护能力和遵纪守法意识有待加强。有些地方安全管理制度不健全，有关部门安全主体责任落实不够到位，未形成工作合力。因此：

🪑 针对中学生加强道德、法制教育和安全与应急避险知识教育。

🪑 要建立健全学校各项安全管理制度，及时整改安全隐患。

🪑 要改善农村办学条件，加强农村学校的师资力量，提高农村学校安全管理水平。

🪑 要加强学校和学生家长（或监护人）的联系，相互配合，发现问题及时做好疏导和转化工作。

🪑 要加强学校周边环境的综合整治力度，改善学校周边环境。

咱们要加强联系，及时沟通。

二、主要责任方安全职责

Zhuyao Zerenfang Anquan Zhize

主要责任方安全职责

1. 校方安全职责
2. 家长安全职责
3. 社会安全职责

1. 校方安全职责

🏅 加强中学生思想道德教育、法制教育和心理健康教育，使他们养成遵纪守法的良好习惯。

🏅 加强师德教育，严禁教职工做出侵犯学生权益和影响学生身心健康的行为。

🏅 强化、优化校园人防、物防、技防手段，做好校园安全基础性工作。

🏅 严格学校日常安全管理，建立健全校内各项安全管理制度和安全应急机制等，尤其是宿舍、食堂和实验室安全管理制度等。

 辨识学校及其周边威胁学生安全的主要危险有害因素，制定并实施有效的对策措施。

 增设生理和心理卫生课程，让学生了解基本的生理和心理安全常识，提高中学生身心健康水平。

 加强学校和家长的联系，设立学生求助电话和联系人，对隐患问题及早发现、及时干预。

 加强学生和教职工安全专题培训，学习日常伤害处置方法，开展事故应急救援演练。

2. 家长安全职责

🛡 提高自身修养，言传身教，注重孩子思想品德和良好行为习惯的养成。

🛡 加强与学校、孩子沟通，关注孩子情绪变化，及时沟通和疏导。

🛡 加强对孩子生理卫生知识的教育和引导。

🛡 家长应承担学生在校园外的安全教育、管理和监护责任。

3. 社会安全职责

有关部门在各自职责范围内通力合作，共同做好中学生安全监管工作。

专家提示

相关部门应全面落实相应的安全主体责任，形成合作工力，为中学生打造安全的氛围和环境。

三、中学生安全事故防范与应急避险措施

Zhongxuesheng Anquan Shigu Fangfan
Yu Yingji Bixian Cuoshi

中学生安全事故防范
与应急避险措施

1. 安全事故防范与应急避险一般要求

2. 交通事故防范与应急避险措施

3. 溺水事故防范与应急避险措施

4. 欺凌、暴力伤害事件防范与应急措施

5. 火灾事故防范与应急避险措施

6. 触电事故防范与应急避险措施

7. 网络安全事件防范措施

8. 心理疾病防范措施

9. 实验室事故防范与应急避险措施

10. 自然灾害应急避险措施

11. 其他方面

1. 安全事故防范与应急避险一般要求

🛡 遇到危险时，要保持镇静，及时拨打家人电话或报警电话求救。

🛡 学会识别与日常生活密切相关的安全标识。

💬 熟悉家庭和学校等常去地方的安全应急通道。

💬 学会自救和求救方法，遇危险情况时设法保护自己。

专家提示

报警时应准确描述自己所在位置、遇到的问题和情况。

2. 交通事故防范与应急避险措施

预防交通事故，中学生首先应当严格遵守交通规则。

行走时，应做到：

🗑 不在过街天桥、地下通道、行车道等人流量多的地方进行体育活动。

🗑 注意道路状况变化，不要边走边看手机或戴耳机听音乐。

🗑 不穿越、攀爬、跨越道路和铁路的隔离设施。

🗑 不要在铁路、高速公路、机动车道等处逗留、玩耍。

过马路来回看
别玩手机、听音乐。

骑行时，应注意：

🛡 未满 16 周岁的孩子不准在道路上骑电动车、平衡车。

🛡 不得在道路上骑独轮自行车或双人自行车等。

🛡 骑行谨记"六不"：不骑快车、不抢道、不追赶比赛、不脱手骑车、不并骑、不骑车载人。

🚲 骑行前，检查车铃、轮胎、刹车系统等是否完好。

🚲 靠右骑行，不逆行，不在机动车道上骑行。

🚲 穿越交叉路口时，减速慢行，确认安全后通过。

🚲 转弯时，应伸手示意，不要突然猛拐。

🚲 骑车时不看手机、不戴耳机。

17

专家提示

　　一旦发生事故，遇肇事司机逃逸的情况，尽可能记下车号和车型，及时报警。

乘公交车时，应注意：

- 公交车进站时，不跟车跑，等车停稳后有序上车。
- 上车后坐好或扶好站稳，不要挤在车门边。
- 不要在车上嬉戏打闹，不要将手和头探出窗外。

- 不要私拿乱动车上设施，如消防锤、灭火器等。

🚌 下车后，要确认安全后再通过，不要从车辆的前后方急冲猛跑过马路。

🚌 乘错或下错车时，应向司乘人员或交通协管人员求助，不要跟陌生人走。

🚌 车辆发生事故时，不要惊慌，应听从司乘人员指挥，有序撤离。

19

乘地铁时，应注意：

🚇 候车时，不要越过黄色安全线。列车进站时不要探头张望。

🚇 乘车时，要先下后上。屏蔽门关闭提示铃响起时，严禁奔跑，不要强行上下车或用手扒车门。

🚇 上车后坐好，站立时应紧握吊环或立柱，不要倚靠或手扶车门。

発生意外情况时，应保持镇定，注意收听车厢内的广播，按照工作人员的指挥有序撤离，不扒门，不擅自进入隧道。

请保持冷静，列车停稳再下车。

专家提示

乘坐正规出租车，不要搭乘"黑车"或无牌照车辆。

3. 溺水事故防范与应急避险措施

预防溺水事故，中学生除应遵守游泳场所的安全须知外，还应注意：

☝ 在家长、老师或熟悉水性的人带领下游泳。不独自下水，不擅自与他人结伴游泳。

☝ 不到禁止游泳的水域游泳，不到有急流、漩涡或不熟悉的水域游泳。不到无安全设施、无救援人员的水域游泳。

☝ 在游泳馆游泳时，除考取深水合格证者，不要靠近深水区。

☕ 不到河、湖、水库等结冰水域走动和滑冰，不到未开放的冰面游玩。

☕ 不要贸然跳水和在水中嬉戏打闹。

☕ 身体过于疲劳、情绪过于激动或太饱、太饿时不宜游泳，女生月经期不要下水游泳。

☕ 若感到头晕、心慌等不适状况时，要立即上岸休息或呼救。

23

☕ 海边戏水或游泳时，切勿超越警戒线。

☕ 若发生抽筋情况，不要惊慌，可用蹬腿或跳跃动作，或用力按摩、拉扯抽筋部位，同时呼救。

24

☕ 一旦发生溺水，要先屏住呼吸，尽量将头后仰，待口鼻露出水面后再呼吸、大声呼救，等待救援。

当施救者游到身边时，不要挣扎，应积极配合。

遇到有人溺水时，不要贸然下水救人，应立刻大声呼救，寻求他人帮助。

4.欺凌、暴力伤害事件防范与应急措施

为预防欺凌、暴力伤害事件的发生，中学生除了要自觉遵守校规校纪，养成遵纪守法的良好行为习惯，还应做到：

☕ 上下学途中不在外面逗留，不去偏僻的地方或陌生场所。

☕ 与同学友好相处，遇到矛盾及时化解。

☕ 学会拒绝不正当要求，不实施、不参与欺凌和暴力行为。

🏕 遭受欺凌或暴力时，保持冷静，在确保自身安全的前提下大声呼救，并及时告知老师或家长，必要时拨打"110"报警求助。

🏕 遇到同学遭受欺凌或暴力伤害，要及时向老师报告或拨打"110"报警求助。

有人欺负学生，我们去告诉老师。

5. 火灾事故防范与应急避险措施

预防火灾事故的发生，中学生除了应当了解所处场所的消防安全须知、熟悉安全应急通道外，还应注意：

🗑 不在山林、河边等有草木的地方生火烧烤食物。

🗑 不携带易燃、易爆物品，发现同学玩火，应立即劝阻制止，并报告老师家长。

🗑 不在宿舍使用酒精灯、煤油炉等烹饪食物。

这样容易引起火灾。

☝ 点燃的蚊香要远离窗帘、衣服、书等可燃物，使用电蚊香后应拔去插头。

☝ 若发现有燃气泄漏时，应迅速关紧阀门，切忌使用明火或打开电器开关。

☝ 当家用电器着火时，应立即切断电源，用土、沙、毛毯或棉被捂盖，切忌用水扑救；当纸张、木头或布起火时，用水扑救。

切断电源，不能用水灭火。

沙土　棉被　毛毯

火灾发生后，应保持镇静，不要盲目行动，及时拨打"119"，报告火灾地点和火势情况。

迅速从安全通道撤离，切不可搭乘电梯逃生，更不要盲目跳楼。

☕ 若火势已大到无法逃离时，用湿毛巾、床单等物品堵住门窗缝隙，并不断浇水，同时向外发出求救信号，等待救援。

☕ 在得不到及时救援时，身居三楼以下，可借助绳子、床单、窗帘等，紧拴在门窗和阳台的牢固构件上顺势滑下，或利用室外排水管等下滑逃生。

☺ 如果烟雾弥漫，要用湿毛巾掩住口鼻呼吸，沿墙壁边，降低姿势，弯腰迅速逃生。

☺ 衣物着火时，切勿奔跑，尽快脱下着火衣服或就地打滚将火压灭。

6. 触电事故防范与应急避险措施

防止触电事故发生，中学生应做到：

🪣 不私拉乱接临时电线。

🪣 不用湿手触摸开关及电器，不要用手或导电物接触、探试电源插座内部。

🪣 使用电器等设备时，做到人走断电。

🪣 不在电闪雷鸣时使用电器。

33

☝ 手机充电时尽量不要使用。

☝ 熟知电源总开关的位置，一旦发生危险立即切断电源。

老师，这里线路坏了。

☝ 住校时严禁私自在宿舍使用大功率电器。

☝ 发现电线老化、破损或电路故障时，及时向家长、老师反映，不得擅自处理。

☝ 发现有人触电时，要及时切断电源或用干燥的木棍等绝缘物将触电者与带电体分开，并大声呼救。

7. 网络安全事件防范措施

防止网络安全事故发生，中学生应做到：

🗑 不进入网吧，不沉迷于网络游戏。

🗑 不浏览不良网站。

太累了，先睡会，不去上学了。

🗑 不随意打开来历不明的信息或邮件。

🗑 文明上网，不使用攻击性言语，不随意回复恶意攻击性信息。

不明邮件

不要打开，万一是病毒。

35

不要点击或回复来路不明的信息。

☺ 不模仿游戏中的暴力行为攻击他人。

☺ 网上交友谨防受骗，不随意或私自与网友见面。

☺ 网购要慎重，尽可能在家长的帮助和指导下进行，对商品信息或交易情况进行核实，不轻易向对方付款，遇到问题及时举报。

☺ 不编造或传播虚假信息。

8. 心理疾病防范措施

预防心理疾病，中学生应注意：

🛢 建立良好的人际关系，多与他人沟通，增强自信心，以诚恳、谦虚、宽容的态度对待他人。

🛢 积极参加学校组织的心理健康教育等相关活动。

🛢 培养团队意识，积极参加集体活动。

🏠 树立良好的心态，及时调整压抑和焦虑等情绪。

🏠 正确认识两性关系，树立良好的择友心态。

🏠 若出现压力过大、焦虑等问题要及时和老师、家长沟通，或找心理辅导老师咨询。

9. 实验室事故防范与应急避险措施

预防实验室事故的发生，中学生除了应当严格遵守实验室安全守则及相关规定外，还应注意：

🔔 实验前要明确实验目的、方法和主要仪器的性能及药品的特性，严格按照实验操作规程和老师的要求进行实验。

🔔 未经许可，学生不得进入实验仪器物品保管室和实验操作室，不得接触有毒、有害、易燃、易爆等危险物品。

🔔 禁止在实验室内饮食或利用实验器具储存食品。

🔔 化学药品使用完毕后应放回原处，实验结束后按照规定对"三废"进行处理。

实验室发生火灾时，应做到：

🔥 迅速移走或隔绝一切可燃物，切断电源。

🔥 酒精等有机溶剂着火时，用湿抹布或砂子盖灭，或用泡沫灭火器扑灭。

🔥 金属钠、钾、镁、铝粉、过氧化钠着火时，用细砂覆盖或用干粉灭火器灭火，切勿用水扑救。

🔥 电器设备或带电系统着火，可用二氧化碳灭火器或四氯化碳灭火器灭火，切勿用水扑救。

实验过程中发生中毒时，应注意：

🔲 若吸入氯气、溴蒸气、一氧化碳等有毒气体，应立即将中毒者转移到空气新鲜的地方。

🔲 若有毒物质落在皮肤上，立即用棉花或纱布擦掉，并用大量水冲洗。

🔲 如果皮肤已有破伤或毒物不慎落入眼睛内，经水冲洗后立即就医。

实验过程中被化学药品烧伤时，应注意：

🏺 被强酸腐蚀，应立即用大量水冲洗，再用碳酸钠或碳酸氢钠溶液冲洗。

🏺 被浓碱腐蚀，应立即用大量水冲洗，再用醋酸溶液或硼酸溶液冲洗。

🏺 被磷灼伤，应用硝酸银溶液或硫酸铜溶液或高锰酸钾溶液洗伤处，再包扎，切勿用水冲洗。

10. 自然灾害应急避险措施

地震

☺ 地震发生时，千万不要惊慌，不要乘坐电梯逃离或盲目跳楼。

☺ 在教室时，要在老师的指挥下迅速抱头躲在各自的课桌下。等老师确认安全后，有组织地撤离教室，到就近的开阔地带避震。

43

在平房时，应迅速跑向室外空旷场地；在楼房时，要选择易形成三角空间的地方躲避，如内墙角、卫生间、厨房等开间小的地方或桌子、床等坚固物体下。

在室外，应用手护住头部，避开高大建筑物、高压线、广告牌等，尽快转移至附近空旷地带。

无论在何处避险，如有可能应尽量用棉被、枕头、书包或其他软物体保护好头部。

😦 被埋压时，应尽量保存体力，用湿毛巾等捂住口鼻，以免发生窒息，设法向外发出求救信号。

极端天气

😦 雾霾天气时，尽量少开窗、减少户外活动，外出尽量戴口罩。

☷ 雷雨天气时，尽量留在室内，不要外出，不要靠近门窗等金属部位。

雷雨天气不要靠近门窗。

☷ 在野外开阔地遇雷雨天气时，不要靠近大树、高塔、电线杆等，应尽快寻找一个低洼地或沟渠蹲下。

☷ 上下学途中遭遇大风、暴雨等恶劣天气时，应就近寻找安全处躲避，以免发生危险。

🏮 若无法避免雷击，应立即缩成一团，双手捂住耳朵，头夹在两膝之间。

台风或龙卷风

🏮 尽量不要外出，不要开门窗，远离外墙。

🏮 在室外时，不要待在露天楼顶，要远离大树、电线杆等，可以就近在低洼的地方趴下来，身子伏在地面上。

🏮 等危险信号解除后再返回。

泥石流

☝ 立即丢弃重物，迅速向与泥石流呈垂直方向的两边山坡逃离，不要沿山体向上方或下方奔跑。

☝ 不要停留在低洼的地方，不要攀爬到树上躲避。

不要上树！

☝ 来不及逃跑，则可以蜷缩成一团，用手保护头部。

☝ 政府未宣布应急终止或确认无危险之前，不能返回灾区。

11. 其他方面

🛢 养成良好的卫生习惯，不吸烟、不喝酒。

🛢 不买不吃"三无"产品，少吃油炸、腌制食品，冷饮要有节制。

🛢 拒绝他人对自己身体进行不正常的接触，并及时告知家长或老师。

四、典型案例

Dianxing Anli

典型案例

1. 某校中学生并行骑车事故
2. 广州某校初中生溺水事故
3. 云南某校中学生宿舍火灾事故

1. 某校中学生并行骑车事故

某校中学生放学后骑电动车回家过程中，多名学生嬉戏打闹，与对面行驶的电动三轮车发生碰撞，导致其中一名女生重伤。

53

● 事故教训 ●

　　该起事故是由于中学生在放学路上打闹，违反交通规则，未注意来往车辆，导致与电动车发生碰撞而引发的交通事故。

专家提示

　　学校要加强中学生交通安全教育，强化中学生遵守交通规则的意识。同时，不满 16 周岁的孩子不能在道路上骑电动车，学校和家长要加强监督。

2. 广州某校初中生溺水事故

广州某校 8 名初中生相约东江岸边烧烤。烧烤结束后 6 名同学去江边玩水时,其中 1 名同学溺水,4 名同学施救,5 人相继溺水失踪,其余 3 名学生立即报警。经过长时间打捞,5 名失踪者尸体全部被打捞上岸。

● 事故教训 ●

　　该起事故是由于一名学生误踩江边沙石滑入水中，其余 4 名同学在不知水情的情况下贸然施救而引发的意外。

专家提示

　　要在危险水域附近陆地上竖立更多警示牌，同时在具备条件的场所多开放游泳池。中学生应注意不到危险的地方玩水，遇到同伴溺水时，不要贸然下水救人，应立刻大声呼救，让更多人参与急救。

3.云南某校中学生宿舍火灾事故

云南省某校中学生凌晨在宿舍点蜡烛看书,不慎碰倒蜡烛引燃蚊帐和衣物引起火灾,造成21人死亡,2人受伤,烧毁宿舍 24 m²。

● 事故教训 ●

　　此次事故的起因是学生在蚊帐内点蜡烛看书，不慎碰倒蜡烛引燃蚊帐和衣物；加之学生宿舍住宿人数过多，且学校防火安全制度落实不到位。

专家提示

　　不要在宿舍内点蜡烛，以免引起火灾。学校应加强宿舍管理和火灾逃生应急演练工作。

五、自检卡

Zijianka

自检卡
（可多选）

1. 中学生在道路上骑行时，应注意 _____。

A. 靠右骑行不逆行

B. 不在机动车道上骑行

C. 不抢道、不追赶比赛

D. 不脱手骑车、不骑车载人

2. 骑行过程中，以下做法正确的是 _____。

A. 年满 16 周岁可在道路上骑独轮自行车

B. 年满 16 周岁可在道路上骑双人自行车

C. 骑车过程看手机、戴耳机

D. 穿越交叉路口时，减速慢行，不突然猛拐

3. 中学生乘坐公交车时，应注意 _____。

A. 在指定站台排队候车，先下后上

B. 上车后不倚靠在车门，坐好或扶好站稳

C. 不在车上嬉戏打闹

D. 不私拿乱动车上的消防锤、灭火器

4. 遇到车辆意外失火，以下做法正确的是 ____。

A. 沉着冷静，切勿惊慌

B. 听从司乘人员指挥撤离

C. 捂住口鼻逃离

D. 立即打开车窗跳车

5. 等候地铁时，应注意 ____。

A. 越过黄色安全线

B. 不越过黄色安全线

C. 站在地铁屏蔽门口

D. 站在列车轨道边缘，以便探头观察列车何时进站

6. 地铁发生停电事故时，以下做法错误的是 ____。

A. 站台候车遇到停电时，听从工作人员指挥，按照疏散标志有序撤离

B. 运行中停电时，扒开车门迅速离开车厢

C. 保持冷静，不随意走动

D. 耐心等待救援

7. 地铁发生火灾时，以下做法正确的是 ____。

A. 保持冷静，及时向有关人员报告

B. 听从工作人员安排，有序撤离

C. 采取弯腰前行低姿势

D. 扒开门进入隧道

8. 游泳时，以下做法错误的是 _____。

A. 不私自结伴游泳

B. 在游泳馆时不靠近深水区

C. 不贸然跳水

D. 在海边警戒线外戏水

9. 游泳时若发生抽筋，正确的做法是 _____。

A. 不要惊慌

B. 做蹬腿或跳跃动作

C. 用力按摩、拉扯抽筋部位

D. 大声呼救

10. 以下选项中，不适宜游泳的情况有 _____。

A. 身体过于疲劳

B. 太饱或太饿

C. 女生月经期

D. 感到头晕、心慌

11. 发生溺水或遇到有人溺水时，以下做法正确的是 _____。

A. 屏住呼吸，将头后仰

B. 口鼻露出水面后呼吸、呼救

C. 施救者游到身边时，不要挣扎，积极配合

D. 不贸然下水救人，立刻大声呼救

12. 下列选项中，预防欺凌暴力正确的做法是 ____。

A. 上下学途中不随意在外逗留

B. 不去偏僻的地方或陌生场所

C. 与同学友好相处

D. 遭受欺凌或暴力时，保持冷静，及时告知老师或家长

13. 下列选项中，容易引发火灾的做法是 ____。

A. 在宿舍使用酒精灯

B. 在山林、河边等有草木的地方生火烧烤食物

C. 将点燃的蚊香放在纸张上

D. 使用电蚊香后不及时拔去插头

14. 下列选项中，不能直接用水扑救的是 ____。

A. 家具火灾   B. 衣物着火

C. 电器着火   D. 油锅起火

15. 火灾逃生时，以下正确的方式是 ____。

A. 从楼梯逃生

B. 乘电梯撤离

C. 三楼以下，利用室外排水管下滑逃生

D. 沿墙壁边，降低姿势迅速离开

16. 为避免发生触电，以下正确的做法是 ____。

A. 不私拉乱接电线

B. 不用湿手触摸开关及电器

C. 不在电闪雷鸣时使用电器

D. 发现电线老化、破损时，不擅自处理，及时向家长或老师反映

17. 若发现有人触电，以下正确的做法是 ____。

A. 及时关断电源

B. 用干燥的木棍将触电者与带电体分开

C. 用金属棒将触电者与带电体分开

D. 大声呼救

18. 实验室发生火灾时，以下正确的扑救方法是 ____。

A. 迅速移走或隔绝一切可燃物，切断电源

B. 用湿抹布或砂子盖灭酒精火灾

C. 用水扑救金属钠、钾引发的火灾

D. 用二氧化碳灭火器或四氯化碳灭火器扑救电器火灾

19. 若实验过程中发生了意外，以下处理方式正确的是 ____。

A. 毒物不慎落入眼睛后立即用水冲洗

B. 被强酸腐蚀，立即用大量水冲洗，再用弱碱冲洗

C. 被强碱腐蚀，立即用大量水冲洗，再用弱酸冲洗

D. 被磷灼伤，立即用水冲洗

20. 地震发生时，以下做法正确的是 ____。

A. 不乘坐电梯逃离

B. 迅速抱头躲在课桌下

C. 避开高大建筑物、广告牌

D. 被废墟埋压，尽量保存体力，用湿毛巾等捂住口鼻

答　案

1.ABCD	2.D	3.ABCD	4.ABC
5.B	6.B	7.ABC	8.D
9.ABCD	10.ABCD	11.ABCD	12.ABCD
13.ABCD	14.CD	15.ACD	16.ABCD
17.ABD	18.ABD	19.ABC	20.ABCD